Warum sollten wir die Artenvielfalt der Insekten schützen?

Julian Hetzmannseder

Bibliografische Information der Deutschen Nationalbibliothek:

Die Deutsche Nationalbibliothek verzeichnet diese Publikation in der Deutschen Nationalbibliografie; detaillierte bibliografische Daten sind im Internet über http://dnb.d-nb.de abrufbar.

ISBN: 9783346793232
Dieses Buch ist auch als E-Book erhältlich.

BIODIVERSITÄTSVERLUST BEI INSEKTEN

Warum sollen wir die Artenvielfalt der Insekten schützen?

SOSE 2021

JULIAN HETZMANSEDER

Seminar: Umweltbildung

Inhalt

1 Theoriebezug

Was würde man tun, wenn es keine Insekten mehr gäbe? Würde sich das Leben verändern? In diesem Projekt versuchen wir diese Fragen anhand ausgewählter Beispiele zu erklären und aufzuzeigen. Insekten bestäuben 75% der weltweiten Kulturpflanzen. Die Wissenschaft ist sich einig, dass ein fortschreitender Verlust der Insektenbiomasse schwere Folgen mit sich ziehen kann. Daher haben wir es uns zur Aufgabe gemacht so viele Schüler*innen wie möglich mit diesem Projekt zu erreichen, mit dem Ziel die Insekten schätzen zu lernen.

„Denn nur was der Mensch kennt, kann er auch schützen!"

Insekten sind die artenreichste Gruppe aller Lebewesen und stellen gut 70% der Tierarten weltweit dar. Die Insekten sind von enormer Bedeutung für die Ökosysteme und für die Ernährung der Menschen. Trotz allem werden sie von den meisten Menschen als störend oder unnütz betitelt.

1.1 Ziele des Projekts

Das Thema „Biodiversitätsverlust von Insekten" ist sehr vielfältig und bietet enorm viele Bereiche, die je nach Vorliebe behandelt werden können. In diesem Projekt haben wir uns mit der Leitfrage: „Warum sollten wir die Artenvielfalt der Insekten schützen?" beschäftigt. Das Ziel sollte sein, dass die Kinder die verschiedensten Funktionen der Insekten kennen lernen und somit merken, wie wichtig die Insekten für unser Leben sind. Alle Systeme sind durch miteinander vernetzt. Diese gemeinsamen Schnittpunkte sollen die Kinde gemeinsam oder in Einzelarbeit erarbeiten. Aber auch die Folgen, wenn es keine Insekten mehr geben würde sollten sie realisieren und erarbeiten. Wir wollen auch einen lebensweltlichen Bezug zwischen den Schüler*innen und der Insektenwelt herstellen. Den Schüler*innen soll die Möglichkeit gegeben werden, etwas selbstständig zu entwickeln. Mit dem Projekt bieten wir den Schüler*innen eine Plattform, um sich für das Insektensterben einsetzen zu können.

Durch die verschiedenen handlungsorientierten Aufgaben und die unterschiedlich gesetzten Schwerpunkte möchten wir viele Schüler*innen erreichen.

Die verschiedenen Phasen dieses Projektes helfen uns, die unten genannten Ziele und Fähigkeiten zu erreichen:

- Schlüsselqualifikationen:

  Eigeninitiative: Durch die verschiedenen Inhalte des Projekts wird das eigene Handeln in Bezug auf Nachhaltigkeit geschult

  Empathie: Durch das Rollenspiel lernen die Teilnehmer*innen sich in andere Personen hineinzuversetzen

  Durchsetzungsvermögen: Die eigenen Standpunkte sollen adäquat vertreten werden können

  Kreativität: Die Teilnehmer*innen sollen kreative Ideen entwickeln, welche dem Diversitätsverlust entgegenwirken können

  Rhetorische Fähigkeiten: Durch Diskussionen soll die verbale Komponente verbessert werden.

  Problemlösekompetenz: Die Teilnehmer*innen sollen in der Lage sein, die resultierenden Probleme zu erkennen und geeignete Maßnahmen dafür zu entwickeln.

- Sozialkompetenz: Durch das Rollenspiel soll die soziale und kommunikative Kompetenz gefördert werden

- Methodenkompetenz: Durch das Fertigen und das Finden von Lösungsbeispielen wird die Methodenkompetenz gefördert

- Medienkompetenz: Durch das ständige Recherchieren werden die Schüler*innen geordert sich mit Medien auseinander zu setzten

- Fachkompetenz: Die Schüler*innen verstehen die Zusammenhänge von Schädlingen und Nützlingen und können den Einsatz von Pestiziden bewerten. Die Schüler*innen können anhand eines Beispiels erklären, dass verschiedene Regionen der Erde stärker durch das Insektensterben betroffen sind als Österreich

- Selbstkompetenz: Arbeitsaufträge werden von Schüler*innen ordentlich, eigenständig und zeitgerecht erfüllt. Außerdem halten sie sich an Abmachungen

2 Lehrplanbezug

Das Projekt „Biodiversitätsverlust" lässt sich in der Unterstufe gut einbetten. Laut Lehrplan könnte man dieses Projekt in der 2.Klasse oder in der 3. Klasse durchführen. Auch in der Oberstufe könnte man nach kleinen Anpassungen das Thema behandeln, denn die Veränderung der Umwelt durch den menschlichen Einfluss muss in jeder Klasse einen Platz finden.

2.1 Biologielehrplan MS

2. Klasse:

- Die Schwerpunkte bilden Wirbellose und weitere ausgewählte Blütenpflanzen.
- Positive wie negative Folgen menschlichen Wirkens sind hinsichtlich ihrer Auswirkungen auf die Ökosysteme Wald und heimische Gewässer zu analysieren und zu hinterfragen. Umweltprobleme, deren Ursachen sowie Lösungsvorschläge sind zu erarbeiten.

3. Klasse

- An ausgewählten Vertretern aus dem Tierreich sind Bau und Funktion sowie Zusammenhänge zwischen Bau, Lebensweise und Umwelt zu erarbeiten. Die Schwerpunkte bilden diejenigen Organismen, die für die menschliche Ernährung eine besondere Rolle spielen.
- Positive wie negative Folgen menschlichen Wirkens sind hinsichtlich ihrer Auswirkungen auf die Ökosysteme Wald und heimische Gewässer zu analysieren und zu hinterfragen. Umweltprobleme und deren Ursachen inklusive Lösungsvorschläge sind zu erarbeiten

2.2 Beitrag zu den Aufgabenbereichen der Schule

- *„Fächerübergreifendes und projektorientiertes Arbeiten ist zu fördern"* (BMBWF, 2021).
- *„Lern- und Sozialformen wie etwa Gruppenarbeit, soziales Lernen oder offenes Lernen sollen die soziale wie personale/emotionale Kompetenz der Schüler*innen fördern"* (BMBWF, 2021).
- *„Ziel ist eine solide Basis für umweltfreundliches Handeln und Verhalten, die sich aus Umweltwissen, Umweltbewusstsein und ökologischer Handlungskompetenz zusammensetzt, zu schaffen. Auch sollen konkrete Aktivitäten im Sinne der Ökologisierung der Schule gefördert werden"* (BMBWF, 2021).

Durch dieses Projekt werden verschiedenste Kompetenzen, die im Biologielehrplan festgehalten sind, erworben.

Ich kann folgende Inhalte beobachten, benennen, beschreiben und bewerten....

- Ökosysteme B2:
    - Wirkung des Menschen in Ökosystemen (Naturschutz)
    - Wirkungen des Konsumverhaltens in Ökosystemen sowie auf Mitmenschen und Möglichkeiten, sich umweltgerecht und nachhaltig zu verhalten

- Organismen B3:
    - ausgewählte Tierarten, auch aus eigener Beobachtung erkennen
    - charakteristische Merkmale von Wirbellosen benennen
    - Arten der Verständigung zwischen Wirbellosen beschreiben
    - Ernährungsweisen von Tieren kennen

3 Didaktische Grundsätze

- Fachwissen aneignen und kommunizieren:
    - W1 - Biologische Vorgänge und Phänomene beschreiben und benennen
    - W2 - Aus unterschiedlichen Medien und Quellen fachspezifische Informationen entnehmen
- Erkenntnisse gewinnen:
    - E1 - Biologische Vorgänge und Phänomene beobachten, messen und beschreiben
    - Standpunkte begründen und reflektiert handeln:
    - S1 - Fachlich korrekt und folgerichtig argumentieren
    - S2 - Sachverhalte und Probleme unter Einbeziehung kontroverser Gesichtspunkte reflektiert erörtern und begründet bewerten

3.1 Didaktische Überlegung zum Projekt

Dieses Projekt sollte besonders methodenreich und vielseitig gestaltet werden. Die Schüler*innen erhalten zahlreiche Möglichkeiten, um neue Kompetenzen und Erkenntnisse zu erwerben. Der Zusammenhang des Lehrplans und des Grunderlasses der Umweltbildung verstärken unsere Idee des fächerübergreifenden Unterrichts.

Um die sozialen und kommunikativen Kompetenzen zu vermitteln, wird in Kleingruppen gearbeitet und diskutiert. Durch das Rollenspiel wird bereits erworbenes und vorhandenes Wissen benötigt und gefestigt.

3.2 Fächerübergreifender Unterricht

„Zum einen werden Lernen und Lehren zunehmend eingekastelt und verfächert, zum anderen wird dagegen immer wieder versucht, die Verfächerung wieder aufzubrechen und Lernen und Lehren dem „Ganzen", dem „Leben", der „Natur", dem „Alltag" zu öffnen" (Huber & Effe-Stumpf, 1994).

„In einem Unterricht, der die Grenzen des einzelnen Faches überschreitet und die Themen und Methoden von mehreren Fächern einbezieht, können die Inhalte und Themen der einzelnen Fächer in einen Sinnzusammenhang gestellt und aufeinander bezogen werden. Duncker und

Popp gehen sogar so weit, dass »fächerübergreifendes Lernen eine großangelegte Suche nach dem verloren gegangenen Bildungssinn der Schulfächer darstellt" (Duncker & Popp, 1997).

Dieses Projekt soll mitunter durch das Überschreiten der Fächergrenzen den Schüler*innen zeigen, dass dieses Problem allgegenwertig ist. Sie sollen lernen die Problematik im Großen und Ganzen zu betrachten und zu handeln. Durch das Fächerübergreifende Lernen soll das ganzheitliche Lernen unterstützt werden. Die Schüler*innen können über einen längeren Zeitraum hinweg sich mit dem Thema ausführlich und differenziert beschäftigen.

3.3 Rollenspiel

In der Pädagogik ist das Rollenspiel eine bedeutende Methode der sozialen Gruppenarbeit. Hierbei werden in der Regel reale Lebenssituationen simuliert. Ein Ziel ist es, dass die Teilnehmer*innen ihre sozialen Handlungskompetenzen erweitern, indem sie kritische bzw. thematisierte Situationen in der simulierten Realität spielen. Des Weiteren können die Spieler*innen sich in ihrer jeweiligen Rolle ausprobieren, versuchen sich der Rolle entsprechend zu verhalten, und lernen, andere in anderen Rollen zu akzeptieren. Ferner soll eine Kompetenz im Umgang mit entsprechenden Ernstsituationen erworben werden (z. B. Umgang mit globalen Problemen).

Dabei können die vergebenen Rollen dem Charakter der Personen sehr verschieden sein oder sehr ähnlich. Entsprechen die Rollen auch den Charakteren der Gruppenteilnehmer, ist durch den Rollentausch die Möglichkeit gegeben, die Gefühle und Gedanken der anderen zu erfahren.

Hierbei können folgende Ziele eines Rollenspiels genannt werden:

- Kennenlernen der sozialen Möglichkeiten in bestimmten Situationen
- Kennenlernen der eigenen Grenzen
- Veränderung von Verhaltensmustern, zum Beispiel durch Einüben einer Deeskalation-Rhetorik
- Entwicklung von Empathie, zum Beispiel durch Rollentausch oder als externe/r Beobachter*in der eigenen Rolle, gespielt durch jemand Anderen
- Öffnung nach außen und Überwindung von Ängsten
- Erfahrungen, die andere gemacht haben, durch das eigene Spiel nachempfinden
- Erwerb von Kenntnissen/Wissen im Zusammenhang mit entsprechenden Situationen

Letztendlich ist das Rollenspiel eine pädagogische Möglichkeit, um ein Gespür für die Ausdifferenzierung der eigenen Identität zu erlangen. Indem mit anderen interagiert wird, verbessert sich die Wahrnehmung und die sozialen Kompetenzen der Teilnehmer*innen. Beides soll helfen, die Rolle und Position in Gruppen zu definieren und zu differenzieren (Wikipedia, 2021).

3.4 Beobachtungsauftrag

Die wissenschaftliche Beobachtung ist eine Methode der Datenerhebung. Beim Beobachten werden Eigenschaften und Merkmale, räumliche Beziehungen und zeitliche Abfolgen einer biologischen Erscheinung ermittelt, ohne dabei grundlegend verändernde Eingriffe an Objekten oder Prozessen vorzunehmen. Für eine Beobachtung bedarf es keiner künstlich hergestellten Situation. Sie ist auch im Freiland unter natürlichen Bedingungen möglich. Manchmal kann es notwendig sein, bestimmte Situationen zu schaffen, um gewisse Details genauer beobachten zu können, doch je mehr man versucht, auf die in der Situation gegebenen Bedingungen Einfluss zu nehmen, desto mehr nähert er sich einer experimentellen Situation.

Folgende Schritte sind zu beachten:

- Beobachten und vergleichen: Beachtung der Gemeinsamkeiten und Unterschiede, gegebenenfalls mit Hilfsmitteln (z.B.: Lupe)
- Protokoll erstellen: dient dazu, den Überblick über die Beobachtung zu behalten; möglichst genaue Beschreibung erforderlich; sollte alle relevanten Informationen beinhalten
- Bei Verhaltensbeobachtungen nur das notieren, was tatsächlich erkennbar ist (keine Interpretation)
- Einige Fragen können durch Beobachtung nicht geklärt werden → Literaturrecherche durchführen

4 Durchführung

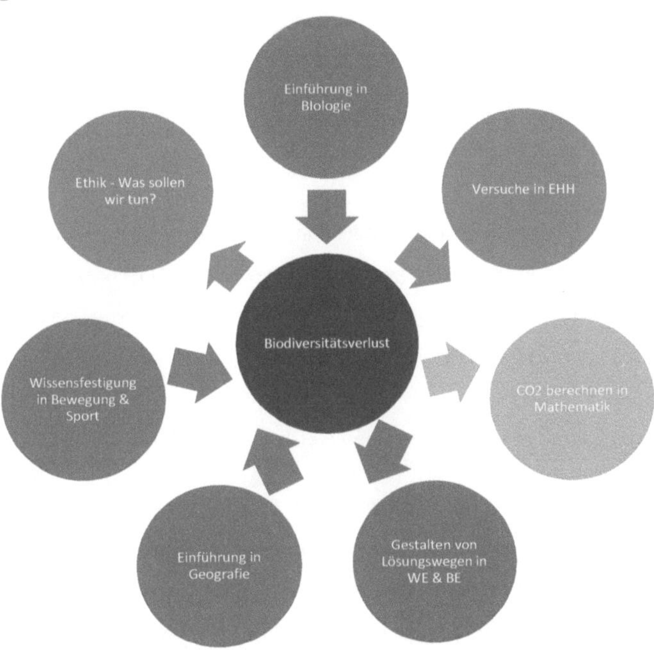

4.1 Erste und zweite Einheit: Einführung in das Thema – Warum brauchen wir Insekten? (2.Klasse)

<u>Lehrer*innen Informationen:</u>

Insekten sind weltweit in einem alarmierenden Zustand. Die Bestände gehen zurück, die Vielfalt schwindet, Arten sterben aus. Die Familien der Edelfalter, Wildbienen und Feldheuschecken sind ebenso betroffen wie die Familien der Schlanklibellen, Schwebfliegen oder Laufkäfer – um nur ein paar zu nennen.

In Deutschland sind – einer Auswertung der aktuellen Roter Listen zufolge – bereits über 41 Prozent der Schmetterlinge ausgestorben oder bestandsgefährdet. Allein in der Region rund um Trier sind die Artenzahlen bei Schmetterlingen in den letzten 40 Jahren dramatisch zurückgegangen. Bei Wildbienen sind heute deutschlandweit mehr als die Hälfte der 561 Arten in ihrem Bestand bedroht, mit steigender Tendenz. Nach Untersuchungen in Nordrhein-

Westfalen hat sich die Biomasse der Fluginsekten seit 1989 mancherorts um bis zu 80 Prozent reduziert. Nicht nur die Zahl der Arten, sondern auch die der Individuen befindet sich in einem dramatischen Sinkflug. In anderen Ländern Europas sieht die Situation nicht besser aus. (NABU)

- https://www.youtube.com/watch?v=0d-Uvwu25cU (Für ältere Schüler*innen)
- https://www.planet-wissen.de/video-welt-ohne-insekten-100.html (für jüngere Schüler*innen)

Insekten erfüllen wichtige ökologische Funktionen. Zum einen sind sie Nahrungsgrundlage für viele Tiere wie zum Beispiel Vögel, Mäuse, Frösche oder Eidechsen. Deren Leben ist in Gefahr, wenn sie nicht mehr genug zu fressen finden. Wichtige Rollen von Insekten sind, dass die Böden fruchtbar und das Wasser sauber bleibt. Ohne sie würden die Stoffkreisläufe in der Natur zusammenbrechen. Ein Beispiel dafür sind die im Boden lebende Insekten. Diese tragen dazu bei, dass Blätter und Holz kompostiert werden und der Dung anderer Tiere zersetzt wird.

Zudem sind Insekten für die Ernährung des Menschen von unschätzbarem Wert. Ihre Bestäubungsleistung ist insbesondere wichtig für den Obst- und Gemüseanbau, aber auch für großflächig angebaute Ackerkulturpflanzen wie Raps, Sonnenblumen oder Ackerbohnen. Drei Viertel der weltweit wichtigsten Nutzpflanzen sind, wenn auch unterschiedlich stark, von Bestäubung abhängig, so der Weltbiodiversitätsrat. Forscher der Universität Hohenheim haben 2020 den volkswirtschaftlichen Nutzen der Bestäuber ausgerechnet: Deutschland würde bei einem Wegfall aller bestäubenden Insekten im Durchschnitt rund 3,8 Milliarden Euro pro Jahr verlieren.

Zu den besten Bestäubern gehören Wild- und Honigbienen. Außer ihnen bestäuben ebenso viele Schmetterlinge, Fliegen, Käfer oder Wespen Pflanzen. Neben diesen Insekten zählen auch einige Vögel zu den Bestäubern, aber Insekten spielen die entscheidende Rolle. Im Ökosystem Wald werden rund 80 Prozent aller Bäume und Sträucher von Insekten bestäubt. Dazu gehören Ahorn, Weißdorn, Rosskastanie, Weide, Vogelbeere und Linde. Auch Ameisen tragen zur Verbreitung der Pflanzen bei. Diese sammeln Samen und verteilen sie. (Bundesministerium für Umwelt, Naturschutz und nukleare Sicherheit, 2021)

Erste und zweite Einheit: Wie sehen Insekten aus? Wo leben Insekten und was brauchen Insekten?

(Outdoor (BE))

Um das Bewusstsein der Kinder auf die Insekten u lenken, startet das Projekt mit einer Beobachtungsaufgabe. Durch diese Aufgabe soll die Sensibilität und Aufmerksamkeit für Insekten in unserem Alltag geschärft werden.

Die Kinder bekommen mehrere „Prototypen-Insekten" und sollen die Unterschiede, die in der Natur beobachtet werden, einzeichnen. (Schmetterling, Libelle, Heuschrecke, Käfer, Zweiflügler...) Die Kinder können sich am "6 Beine - 3 Körperglieder -2 Fühler-Check" orientieren, ob es sich hier um ein Insekt handelt. Weiters sollen sie Kinder die Insekten in der Natur beobachten und anschließend den Beobachtungsauftrag in der Tabelle verschriftlichen.

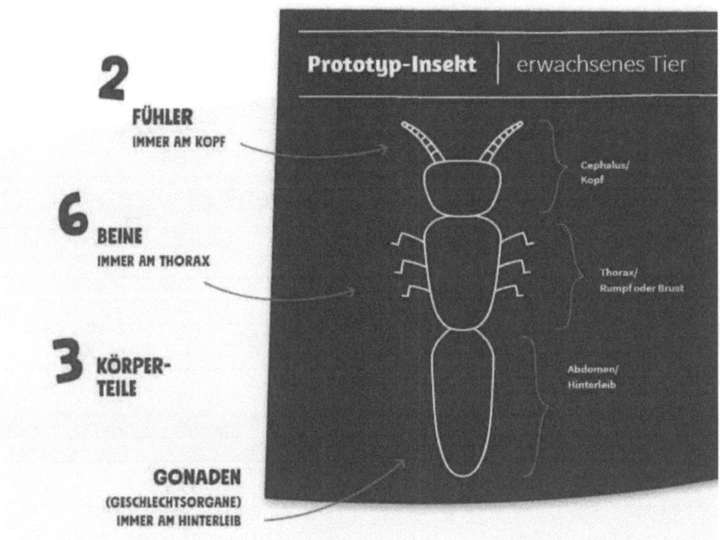

Abbildung 1 (NAJU 2020)

Worum geht es	Ihr untersucht die Artenzusammensetzung in einer bestimmten Fläche. Ihr versucht so viele Insekten wie möglich zu bestimmen. Gleichzeitig versucht ihr das Vorkommen der Tiere zu schätzen.
Zeitbedarf	Je nach Größe der Aufnahmefläche und der Artenvielfalt mind. 30 Min.
Materialien	Schreibzeug, Lupe, Becherlupe, Pinzette, Insektenbestimmungsbücher, Maßband, evtl. Heringe zur Abgrenzung der Aufnahmefläche, Becherlupe
Aufgaben	<ul><li>Wähle eine Fläche mit entsprechender Größe aus</li><li>Wenn zu mehreren gearbeitet wird, grenzt ihr die Ecken der Aufnahmefläche mit Pflöcken (Heringen) ab.</li><li>Vervollständige die Angaben auf dem Kopf des Arbeitsblattes</li><li>Bestimmt so viele vorkommende Arten in der Aufnahmefläche. Notiert die Namen in der Liste. (Falls ihr es nicht gleich erkennt, könnt ihr die Becherlupe zur Hilfe nehmen)</li><li>Schätzt für jede Art das Vorkommen</li></ul>

Erhebungsbogen für Insektendiversität		
Datum:	Bearbeiter/in	
Genauer Standort:	Höhe über dem Meer:	
Angaben zum Boden:	Flächengröße:	Wetter:
Temperatur:	Nutzung:	
Arten:		**Geschätzte Anzahl:**

Jeder kennt sie und viele empfinden sie als nervig und unnütz. Doch ist das so?

Um die Wespe genauer kennenzulernen, musst du sie genau beobachten.

Station Wespe & Blattlaus:

Schreibe deine Beobachtungen auf.

Mache dir auch Gedanken darüber, was die Wespen auf den Blättern suchen.

Die Arbeitswespen werden nur 2-3 Wochen alt und stehlen auch gerne Schinken oder Käse, indem sie ein kleines Stück abnagen und damit fliehen. Das kannst du beim nächsten Frühstück am Balkon eventuell beobachten.

Bei diesem Beobachtungsauftrag ist die Jahreszeit und die Tagestemperatur zu beachten. Ab Anfang Juni kann man aber mit großer Wahrscheinlichkeit davon ausgehen, dass die Wespen aktiv sind. Prinzipiell handelt es sich aber um einen Versuch, der voraussetzt, dass die Lehrperson geeignete Lebensräume kennt. Dies ist im Rahmen einer Exkursion möglich, aber auch im Schulhof oder im Schulgarten. Da gewisse Pflanzen, wie die Traubenkirsche oder Fächerahorn, Jahr für Jahr befallen werden, kann es vorteilhaft sein im Schulgarten, wenn vorhanden, einen Lebensraum zu schaffen.

Abbildung 2: Prunus padus

Abbildung 3: Acer palmatum

Die Schüler*innen sollten beobachten können, dass die Wespen zu den von den Läusen befallenen Blättern fliegen. Auch Ameisen, Schwebfliegenlarven und Marienkäfer bzw. Marienkäferlarven können mit großer Wahrscheinlichkeit angetroffen werden.

Wespen nehmen wie auch die Ameisen den Honigtau zu sich, um Energie zu tanken. Aber die Wespen fressen auch verschiedene Insekten, auch die Blattläuse und abgestorbenes organisches Material. Sie leisten also auch einen wesentlichen Beitrag zur Schädlingsbekämpfung. Weitere ökologischen Nutzen bieten sie durch den schon angesprochenen Beitrag als Destruent und als Nahrungsquelle.

Diese Aufgabe soll zu Beginn des Projektes in der ersten Einheit durchgeführt werden. Damit wird gewährleistet, dass die Schüler*innen gleich zu Beginn ohne Input aktiv werden, erste Zusammenhänge im Leben der Insekten erkennen und somit der Rahmen geschaffen wird, dass sie die globale Bedeutung und Problemlage des Insektensterbens erkennen können.

Einbindung SDG 15 Leben am Land:

15.5 Umgehende und bedeutende Maßnahmen ergreifen, um die Verschlechterung der natürlichen Lebensräume zu verringern, dem Verlust der biologischen Vielfalt ein Ende zu setzen und bis 2020 die bedrohten Arten zu schützen und ihr Aussterben zu verhindern

    a) Vorausschauend Denken und Handeln:

       (Bekämpfung der Wespen und deren Auswirkung überdenken)

    b) Risiken, Gefahren und Unsicherheiten erkennen und abwägen

       Pestizideinsatz zur Insektenbekämpfung - dazu folgendes fächerübergreifendes Beispiel:

Ein Weihnachtsmann stellt zu seinem Entsetzen fest, dass alle Nordmanntannen seiner Weihnachtsbaumkolonie von Sitkaläusen befallen sind. Soll er nun zu Pestiziden greifen oder den lieben Marienkäferchen, den natürlichen Feinden der Sitkaläuse, die Arbeit überlassen? Diese Frage lässt sich anhand eines Räuber-Beute-Modells beantworten, im vorliegenden Fall angewandt auf das Beutetier Sitkalaus und auf ihren natürlichen Feind, den Marienkäfer. Gäbe es für die Sitkaläuse keine natürlichen Feinde, so würden sie sich stark vereinfacht exponentiell vermehren. Gäbe es für die Marienkäfer keine Beutetiere, so würden sie mangels Futter zugrunde gehen. Treffen nun Sitkaläuse und Marienkäfer aufeinander geschieht – wer hätte es gedacht? – Folgendes: Die Zahl der Sitkaläuse verringert sich und die Marienkäfer bleiben wohlgenährt am Leben.

Beim Einsatz von Pestiziden verringert sich sowohl das Wachstum der Läuse als auch das Wachstum der Marienkäfer. Wir nehmen also an,

dass die Marienkäfer in der gleichen Weise unter dem Pestizid leiden, wie die Sitkaläuse. Dieses Räuber-Beute-Modell soll einerseits ohne den Einsatz von Pestiziden und mit dem Einsatz von Pestiziden modelliert werden.

Weitere mögliche Beobachtungsaufgaben:

- Die Ameise:
  Aufgabe: Beobachte, was Ameisen in ihre Bauten tragen.
  Ziel: Die Schüler*innen sollen erkennen, dass sie auch tote Insekten, also abgestorbenes organisches Material in ihren Bau tragen und fressen.
- Käfer und andere Insekten in Pferdedung

Werden hier nicht näher ausgeführt, da der Fokus in diesem Projekt auch auf den weiteren projektbezogenen Aktivitäten liegen soll.

Phase b) Wissensaufbau und Vernetzung: Auseinandersetzung mit verschiedenen Aspekten, Dimensionen und Akteur*innen (Multiperspektivische Betrachtung, Erkennen von Interessenskonflikten, Rechercheaufgabe,)

4.3 Vierte Einheit – Was sind die Aufgaben der Insekten?

In dieser Einheit sollten die Schüler*innen die Wichtigkeit der Insekten ins Gedächtnis gerufen bekommen. Die Jugendlichen sollen die verschiedensten Aufgaben der Insekten recherchieren und erarbeiten. Für die Recherche wird den Kindern das Internet und verschiedenste Bücher aus der Bibliothek zur Verfügung gestellt. Die Aufgaben der Insekten werden in Kleingruppe präsentiert. Dabei sollten die Kinder miteinander diskutieren und sich teilweise ergänzen.

Nach dem Vortrag beschäftigt sich die Kleingruppe mit der Frage:

Was wäre, wenn die Insekten aussterben würden?

Gemeinsam sollten die Kinder die schrecklichen Folgen eines totalen Aussterbens der Insekten unter die Lupe nehmen. Sie sollten Folgen diskutieren und versuchen Lösungswege zu finden.

4.4 Fünfte und sechste Einheit – Rollenspiel Vorbereitung & Durchführung (2. Klasse)

Um das Interesse bei den Schülern*innen zu steigern, werden zum Einstieg „FunFacts" über die Insekten präsentiert.

- Das Nest eines Blattschneiderameisenstaates kann bis zu 8m tief in die Erde reichen und im Gesamten eine Fläche von 50m² betragen.

- Die Ameisen der malaysischen Art Colobopsis soundersi explodieren wortwörtlich, wenn sie provoziert oder bedroht werden. So wollen sie den Gegner zumindest noch mit in den Tod reißen, wenn ein Kampf aussichtslos erscheint.

- Bienen und Wespen sind richtige Spürnasen. Sie können Sprengstoff und Drogen aufspüren und wurden in verschiedenen Forschungsprojekten bereits erfolgreich trainiert.

- Erwachsene Eintagsfliegen leben zwischen wenigen Stunden und einigen Tagen - das aber dafür schon seit Entstehung der Dinosaurier. Es gibt sie seit mehr als 200 Millionen Jahren auf der Erde.

Durch diese Aspekte soll es den Kindern leichter fallen Begeisterung und Engagement für die Lebewesen zu entwickeln. Die in der Vorstunde erarbeiteten Probleme und Nutzen der Tierchen dient unter andrem als Grundlage für das Rollenspiel.

Nun werden verschiedene Rollen, sowohl auf globaler als auch auf lokaler Ebene, an die Kleingruppen in der Klasse verteilt. Die Schüler*innen dürfen sich eine Stunde mit Ihrer Rolle beschäftigen. Sie sollen Hintergrundinformationen und Wünsche mit dem Hintergrundwissen von Geographie und Biologie erarbeiten und recherchieren.

<u>**Folgende Punkte sind bei der Diskussionsrunde zu beachten:**</u>

- Kurze Einleitung zum Vorhaben / Moderationsmethode (grundlegender Aufbau)

- Angemessene Vertretung der eigenen Rolle

- Bedeutung der Insekten

- Maßnahmen zur Reduktion des Diversitätsverlustes

- Interessen/Widersprüche
- Nachhaltiger Lebensstil
- Verbindung zu den SDG´s

Ziel dieser Diskussion ist es zu einem Konsens hinsichtlich der biologischen Bedeutung von Insekten zu kommen und Maßnahmen vorzustellen, welche sich positiv auf das Insektensterben auswirken.

<u>Anmerkung:</u> Je nach Schulstufe können sich die Schüler*innen die Rollen gegebenenfalls selbst überlegen. Geeignete Hilfestellungen wie beispielweise Hinweis auf jene Personengruppen, die speziell von dem Diversitätsverlust der Insekten betroffen sind, können von der Lehrkraft bereitgestellt werden!

Rollen:

Abgeordnete der Klimarahmenkonvention:

Sie sollen zu jeder Person und deren Situation konkret Stellung nehmen. Handelt es sich um ein lokales oder globales Phänomen bzw. welche Maßnahmen können helfen? Da diese Rolle neue Erkenntnisse abwägen, beurteilen und reflektieren muss, wird es wie bei Geschworenen gehandhabt. Es wird abgestimmt und das Ergebnis festgehalten. Die Schüler*innen haben aber immer die Möglichkeit sozusagen die Schlüsselrolle einzunehmen und die Situation nochmals zusammenzufassen oder dem Ergebnis auch zu widersprechen, wenn aussagekräftige Argumentationen vorliegen. Die Lehrperson hat hier die Aufgabe, das Geschehen wieder in die richtige Richtung zu bringen, falls dies nötig ist und für das Einhalten der zuvor beschlossenen Regeln.

„Peter Filzmeier": Die Aufgabe besteht darin das Ergebnis, welches gefällt wurde, einzuschätzen und zu analysieren. Diese Person wird von der Lehrperson übernommen.

Lamia Akono (22)

Lamia wuchs in Namibia auf und musste bereits als kleines Kind ihrer Mutter bei der Arbeit unterstützen. Wie etwa 2 Milliarden Menschen weltweit ernähren und leben sie von Insekten. Von ihrer Mutter hat sie gelernt, wie man die Mopane-Raupen fängt und sie von den Innereien säubert. Dass das Angebot an Raupen zurückgeht, spürt auch Lamia. Sie gerät dadurch in einen Konflikt zwischen Einkommens- und Ernährungssituation. In Teilen von Afrika dürfen die

Männer vor den Frauen essen. Die Männer erhalten dadurch die nährstoffreichere Nahrung, auch wenn die Frauen schwanger sind und stillen müssen und eigentlich mehr Proteine brauchen als die Männer. Lamia wuchs in dieser Kultur auf und wollte auf keinen Fall in die Situation kommen, in ihrer Schwangerschaft hungern zu müssen. Daraufhin machte sie sich Gedanken und beschloss Raupen zu züchten. Lamia pflanzt also viele Mopane-Bäume und nach wenigen Monaten fand sie bereits kleine Raupen, die an Blättern knabberten. Einen sofortigen Ertrag hatte sie davon nicht, denn die Raupen mussten erst wachsen. Im ersten Jahr beließ sie die Bäume unberührt, um den Bestand aufzubauen, denn die Raupen überdauern ca. 7 Monate im Boden. Seit ihrer Zucht kann sie ihre ganze Familie mit ausreichend Proteinen versorgen. Für den Verkauf genügt die Anzahl an Tiere noch nicht, aber sie ist sich sicher, dass sich auch das in einigen Jahren ändern wird.

In dieser Rolle stecken sehr viele Bezüge zu den Sustainable development goals:

- Keine Armut
- Kein Hunger
- Gesundheit und Wohlergehen
- Geschlechtergleichheit
- Maßnahmen zum Klimaschutz

(Bei dieser Rolle ist es sowohl ein lokales Thema, da explizit Namibia angeführt wird, als auch ein globales Thema, wenn man ganz Afrika und auch andere Regionen der Erde betrachtet, wo Insekten zur Nahrung gehören. Deshalb eine sehr spannende Frage, wo Uneinigkeit garantiert ist und Diskussionen aufkommen werden.)

Bernhard Muster (37), Landwirt:

Bernhard wuchs in Grieskirchen auf, besitz einen Landwirtschaftlichen Betrieb und beschäftigt sich seit seiner Kindheit viel mit Tieren und deren Bedeutung für die Ökosysteme. Durch sein biologisches Interesse und seine Lebenserfahrung ist ihm die Bedeutung der Insekten vor allem für die Landwirtschaft bewusst. Insekten bestäuben drei Viertel der wichtigsten Kulturpflanzen und steigern somit ihren Ertrag. Jedoch schädigen Pestizide Insekten, sowohl deren Vielfalt als auch Häufigkeit. Alternative schafft die ökologische Landwirtschaft, welche eine besonders ressourcenschonende und umweltverträgliche Wirtschaftsform ist, die sich am Prinzip der

Nachhaltigkeit orientiert. Ohne den Einsatz von Pestiziden und synthetischen Dünger werden bessere Lebensbedingungen für Insekten geschaffen. Er praktiziert dies Form bereits selbst seit einigen Jahren und leistet damit einen wichtigen Beitrag in Bezug auf das Sterben vieler Insekten. Dennoch ist er besorgt, dass sein Ertrag mit jenem einer herkömmlichen Landwirtschaft nicht zu vergleichen ist.

Ludwig Erlinger (45), Klimaschützer:

Ludwig ist bereits seit 5 Jahren im Klimaschutz tätig. Die Tatsache, dass Österreich seit Jahren keinerlei Reduktion bei den CO2-Emissionen schafft, beunruhig ihn sehr. Die globale Erwärmung schadet vielen Insekten, wenigen hilft sie jedoch, da dadurch manche verstärkt auf die Felder gelockt werden, wodurch höhere Fressschäden zu erwarten sind und die Ernteerträge minimiert werden. Die durch den Klimawandel hervorgerufenen, extremen Ereignisse wie Hitzewellen oder Starkregen können dazu führen, dass lokale Populationen aussterben. Er glaubt, dass lediglich der Klimawandel für den Diversitätsverlust verantwortlich ist und dass diesbezüglich entsprechende Maßnahmen gesetzt werden müssen, um die Insekten zu schützen.

Lisa Wolf (29), Ökonomin:

Lisa ist gebürtige Linzerin und studierte nach ihrer erfolgreich absolvierten Matura Wirtschaftswissenschaften an der Johannes-Kepler-Universität Linz. Mittlerweile ist sie seit 4 Jahren in der Finanzabteilung eines Lebensmittelkonzerns beruflich aktiv. Ihren Informationen zufolge wird er globale ökonomische Wert der Bestäubung auf eine Summe von 235 bis 577 Milliarden US-Dollar (193 bis 473 Milliarden Euro) geschätzt. Dies liegt daran, dass Bestäubungsleistungen für viele Marktprodukte enorm wichtig sind. Ihres Erachtens nehmen Insekten eine große Bedeutung im wirtschaftlichen Kontext ein. Während einige Arbeitskolleg*innen der Meinung sind, dass Natur in einen Markt eingebunden wird, weil sie nicht kostenlos genutzt oder zerstört werden darf, fordert Lisa den Schutz der Natur um ihrer selbst willen und plädiert gegen wirtschaftliche Regeln.

Julia Brenner (55), Gemeindebedienstete:

Julia arbeitet seit ihrem 16. Lebensjahr im Gemeindeamt Pasching als Sekretärin des Bürgermeisters. Durch Gespräche mit diesem, erfuhr sie, dass der Diversitätsverlust von Insekten zwar in der Politik diskutiert wird, jedoch zur zögerlich darauf reagiert wird, da stattdessen andere Themen wie beispielsweise die COVID-19 Pandemie im Vordergrund stehen. Obwohl mittlerweile Übereinkommen wie die Biodiversitätskonvention, bei dem mittlerweile 160 Vertragsstaaten involviert sind, konnte trotz einzelner Fortschritte das Ziel, den Verlust der biologischen Vielfalt bis 2020 zu stoppen, nicht erreicht werden. Für Julia ist dies allerdings nicht tragisch, da sie sich dieser Problematik nicht bewusst ist. Für sie zählt nur ihr eigenes körperliches und geistiges Wohlbefinden. Sie besitzt ein wunderschönes, großes Haus, 2 Kinder und einen Ehemann der gut für sie sorgt, daher meint sie, dass sie diesbezüglich nichts zu befürchten hat.

Christoph Weger (42), Gentechniker:

Christoph studierte 6 Jahre lang Bio- und Gentechnologie an der Universität Wien und ist mittlerweile seit 15 Jahren im Bereich der Gentechnik tätig. Sein Forschungsgebiet beschränkt sich auf die Entwicklung von Resistenzen gegen Herbizide bei Nutzpflanzen. Seinen Erkenntnissen zufolge existiert bereits eine Vielzahl an genetisch veränderten Nutzpflanzen, welche in Monokulturen angebaut werden. „Die Insekten sollen sich glücklich schätzen, dass Lebensräume geboten werden!", meint er. Die Tatsache, dass diese Pflanzen „herbizidresistent" sind, wodurch dies beim Wachstum problemlos gespritzt werden können und somit lediglich die Insekten in Mittleidenschaft gezogen werden, ignoriert er völlig. Für ihn zählt einzig und allein der wissenschaftliche Fortschritt.

Claudia (20) Vegetarier

Claudia hat vor 1 Jahr an der AHS der Kreuzschwesternschule Linz maturiert und absolviert aktuelle ihr FSJ in einem Kindergarten aus ihrem Heimatort Ottensheim. Seit etwa 2 Jahren verzichtet sie komplett auf den Verzehr von Fleisch. Sie meint, dass sich Fleischkonsum nicht nur auf die eigene Gesundheit negativ auswirken kann, sondern generell weitreichende ökologische Folgen -auch für Insekten- hat. Je nach Art der Tierhaltung verändern sich Agrarlandschaften, die Diversität von Pflanzen, die Bode- und Wasserqualität und damit letztendlich der Lebensraum von Insekten. Obwohl dieser Lebensstil in manchen Bereichen durch einige Herausforderungen mit sich bringt, ist sie sehr streng mit sich selbst und ist überzeugt davon.

15.2 Bis 2020 die nachhaltige Bewirtschaftung aller Waldarten fördern, die Entwaldung beenden, geschädigte Wälder wiederherstellen und die Aufforstung und Wiederaufforstung weltweit beträchtlich erhöhen

15.b Erhebliche Mittel aus allen Quellen und auf allen Ebenen für die Finanzierung einer nachhaltigen Bewirtschaftung der Wälder aufbringen und den Entwicklungsländern geeignete Anreize für den vermehrten Einsatz dieser Mittel näherbringen

4.5 Siebte Einheit – Was kann ich zum Schutz tun? (2.Klasse)

Die Insekten sind faszinierende Tiere. Insekten kommen in fast allen Lebensräumen auf der Erde vor. Sie sind die artenreichste Klasse unter den Tieren. So vielfältig wie die Welt der Insekten ist, so wenig können wir auf sie verzichten. Das Funktionieren fast aller Ökosysteme hängt von den kleinen Lebewesen ab. Insekten sind für uns Menschen unersetzlich. Um die in der vierten Einheit diskutierte Frage: Was wäre, wenn alle Insekten sterben würden? Vorzubeugen, ist es nun Zeit, Lösungen mit den Schülern*innen zu erarbeiten. Die Schüler*innen sollten für die beobachteten Tiere (AA1) einen Schutz finden. Dieser Schutz sollte die Tiere bessere Lebensbedingungen schaffen. Weiters sollten sich die Kinder Projekte überlegen, wie die Diversität von den Insekten gesteigert werden kann. Es soll in Kleingruppen eine Mindmap mithilfe des Programms „FreeMind" erstellt werden.

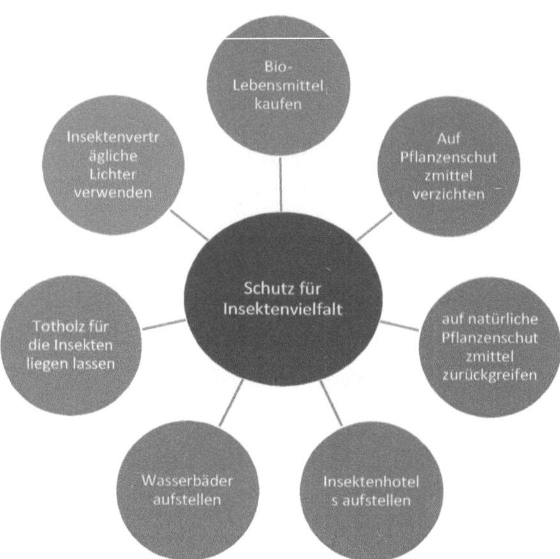

Nach längerem Recherchieren werden die Ideen vorgetragen und gemeinsam über die Ideen und die Umsetzbarkeit diskutiert. Gemeinsam mit der Schule kann man ab diesem Zeitpunkt einen Lösungsweg suchen. Hier werden ein paar Beispiele angeführt:

- Pflanzen von Wildblumen, gestalten einer Wildblumenwiese, für Begrünung von Flächen sorgen
- Abstecken von Insektenschutzgebieten
- Bauen eines Insektenhotels
- Brief an die Gemeinde mit Forderungen
- Bäume können gestutzt werden, damit sich mehr Blüten bilden
- „Tipps für insektenfreundliches Verhalten" produzieren und in der Gemeinde aufstellen

Theorie

Das angeführte Projekt behandelt ein globales Problem. In diesem Projekt wird es jedoch als ein lokales Problem behandelt. Es ist wichtig, dass dieses Thema gelehrt wird, da ein Insektensterben auch ein Menschensterben als Folge hätte. Durch die Förderung der Insektenvielfalt werden Entscheidungen, die die Zukunft und die Gegenwart betreffen diskutiert.

- 11.3 Bis 2030 die Verstädterung inklusiver und nachhaltiger gestalten und die Kapazitäten für eine partizipatorische, integrierte und nachhaltige Siedlungsplanung und -steuerung in allen Ländern verstärken

- 11.7 Bis 2030 den allgemeinen Zugang zu sicheren, inklusiven und zugänglichen Grünflächen und öffentlichen Räumen gewährleisten, insbesondere für Frauen und Kinder, ältere Menschen und Menschen mit Behinderungen

- 11.6 Bis 2030 die von den Städten ausgehende Umweltbelastung pro Kopf senken, unter anderem mit besonderer Aufmerksamkeit auf der Luftqualität und der kommunalen und sonstigen Abfallbehandlung

- 15.1 Bis 2020 im Einklang mit den Verpflichtungen aus internationalen Übereinkünften die Erhaltung, Wiederherstellung und nachhaltige Nutzung der Land- und Binnensüßwasser-Ökosysteme und ihrer Dienstleistungen, insbesondere der Wälder, der Feuchtgebiete, der Berge und der Trockengebiete, gewährleisten

- 15.5 Umgehende und bedeutende Maßnahmen ergreifen, um die Verschlechterung der natürlichen Lebensräume zu verringern, dem Verlust der biologischen Vielfalt ein Ende zu setzen und bis 2020 die bedrohten Arten zu schützen und ihr Aussterben zu verhindern

- 15.9 Bis 2020 Ökosystem- und Biodiversitätswerte in die nationalen und lokalen Planungen, Entwicklungsprozesse, Armutsbekämpfungsstrategien und Gesamtrechnungssysteme einbeziehen

- 15.a Finanzielle Mittel aus allen Quellen für die Erhaltung und nachhaltige Nutzung der biologischen Vielfalt und der Ökosysteme aufbringen und deutlich erhöhen

Folgende BNE-Kompetenzen werden durch diesen Projektabschnitt gefordert:

- Durch die Planung in die Zukunft, wird das *vorrausschauende Denken und Handeln* benötigt.

- Die *Risiken und Gefahren* von einem Insektensterben werden mit den Auswirkungen des Biodiversitätsverlustes besprochen.

- Durch das Umsetzen verschiedenster neuen Projekte ist es wichtig, *gemeinsam mit anderen planen und handeln zu können*. Auch das *selbstständige Handeln* ist gefragt, jeder kleine Beitrag für ein nachhaltiges Verhalten, ist förderlich.

- Durch die Infoschilder sollten die Schüler*innen versuchen, *andere motivieren zu können*. Auch der Brief an den Bürgermeister oder die Bürgermeisterin, soll die Gemeinde motivieren, sich für dieses Thema stark zu machen.

- Die praktische Umsetzung der Projektideen, soll die *Kinder aktivieren und motivieren*.

Literaturverzeichnis

Bundesministerium für Bildung, Wissenschaft und Forschung (2000): Lehrplan MS Unterstufe Biologie und Umweltkunde. Abgerufen unter: https://www.bmbwf.gv.at/Themen/schule/schulpraxis/lp/lp_ahs.html (04.06.2021)

Bundesministerium für Umwelt, Naturschutz und nukleare Sicherheit (2021): Insekten und ihre Rolle im Ökosystem. Abgerufen unter: https://www.umwelt-im-unterricht.de/hintergrund/insekten-und-ihre-rolle-im-oekosystem/ (28.06.2021)

Chemnitz, C., Rehmer, C. & Wenz, K. (2020): *Insektenatlas. Daten und Fakten über Nütz- und Schädlinge in der Landwirtschaft.* Berlin: Druckhaus Kaufmann, Lahr

Duncker, L. & Popp, W. (1997): *Die Suche nach dem Bildungssinn des Lernens – eine Einleitung.* In: Dies. (Hg.): *Über Fachgrenzen hinaus. Chancen und Schwierigkeiten des fächerübergreifenden Lehrens und Lernens.* Hamburg, S. 8–13

Huber, L. & Effe-Stumpf, G. (1994): *Der fächerübergreifende Unterricht am Oberstufenkolleg. Versuch einer historischen Einordnung.* In: Krause-Isermann, U., Kupusch, J., Schumacher, M. (Hrsg.): *Perspektivenwechsel. Beiträge zum fächerübergreifenden Unterricht für junge Erwachsene.* Bielefeld: Oberstufenkolleg (=Ambos 38). S.63-86.

NABU, (2021): Auf der Kippe. *Warum Insekten gefährdet sind – und mit ihnen das ganze Ökosystem.* Abgerufen unter: *https://www.nabu.de/umwelt-und-ressourcen/oekologisch-leben/balkon-und-garten/tiere/insekten/22696.html,* (01.06.2021).

NAJU, (2020): Insekten entdecken, bestimmen & schützen. *Who the Bug.* Abgerufen unter https://www.naju.de/f%C3%BCr-jugendliche/who-the-bug/, (28.06.2021)

Wikipedia (2021): *Rollenspiel (Pädagogik).* Abgerufen unter: https://de.wikipedia.org/wiki/Rollenspiel_(P%C3%A4dagogik) (06.06.2021).